사이언스 리더스

알록달록 변신 동물

리비 로메로 지음 | 김아림 옮김

비룡소

리비 로메로 지음 | 기자와 교사로 일하다가 작가가 되었다. 《내셔널지오그래픽》 매거진과 스미소니언 협회 매거진에 글을 실었으며, 내셔널지오그래픽 키즈의 『사이언스 리더스』 시리즈에서 『세계의 고층 건물』, 『바이킹』 등 여러 편을 썼다.

김아림 옮김 | 서울대학교에서 공부하고 같은 대학원 과학사 및 과학철학 협동 과정에서 석사 학위를 받았다. 출판사에서 과학책을 만들다가 지금은 책 기획과 번역을 하고 있다.

이 책은 제네버 대학교의 미셸 밀린코비치와
메릴랜드 대학교의 독서교육학 명예 교수 마리엄 장 드레어가 감수하였습니다.

내셔널지오그래픽 키즈 사이언스 리더스
LEVEL 2 알록달록 변신 동물

1판 1쇄 찍음 2024년 12월 20일 **1판 1쇄 펴냄** 2025년 1월 15일
지은이 리비 로메로 **옮긴이** 김아림 **펴낸이** 박상희 **편집장** 전지선 **편집** 이가윤 **디자인** 손은경
펴낸곳 (주)비룡소 **출판등록** 1994.3.17.(제16-849호) **주소** 06027 서울시 강남구 도산대로1길 62 강남출판문화센터 4층
전화 02)515-2000 **팩스** 02)515-2007 **홈페이지** www.bir.co.kr **제품명** 어린이용 반양장 도서 **제조자명** (주)비룡소
제조국명 대한민국 **사용연령** 3세 이상 **ISBN 978-89-491-6912-5 74400 / ISBN 978-89-491-6900-2 74400 (세트)**

NATIONAL GEOGRAPHIC KIDS READERS LEVEL 2 ANIMALS THAT CHANGE COLOR by Libby Romero

사진 저작권 AL=Alamy Stock Photo; DRMS=Dreamstime; GI=Getty Images; MP=Minden Pictures; NGIC=National Geographic Image Collection; NPL=Nature Picture Library; SS=Shutterstock Cover: George Grall/NGIC; 1, Masahiro Iijima/MP; 2, Premium UIG/GI ; 3, Arnowssr/DRMS; 4-5, Freddy Lecock/DRMS; 6-7, Eric Issellée/SS; 8, FloridaStock/SS; 9, Robert Postma/Design Pics/GI; 10 (UP), Robbie George/ NGIC; 10 (LO), Jim Cumming/SS; 11 (UP LE), Nick Pecker/SS; 11 (UP RT), Markus Varesvuo/NPL; 11 (CTR LE), Laura Romin & Larry Dalton/AL; 11 (CTR RT), Greg Winston/NGIC; 11 (LO LE), Pierre Vernay/ Polar Lys/Biosphoto; 11 (LO RT), Theo Bosboom/ NPL; 12, Andrey Nekrasov/AL; 13, Obraz/SS; 14, Geoffrey Robinson/SS; 14-15, Klein & Hubert/ NPL; 15, Jan Woitas/DPA/AL; 16 (UP), Terry Moore/ Stocktrek Images/GI; 16 (CTR), Douglas Klug/ GI; 16 (LO), Zen Rial/GI; 17 (UP LE), Jacky Parker Photography/GI; 17 (UP RT), Marcus Lelle/500px/ GI; 17 (CTR), mgkuijpers/Adobe Stock; 17 (LO), Giordano Cipriani/GI; 18-19, Tim Laman/NGIC; 20, Stephen Dalton/MP; 21, DG303Pilot/GI; 22, Marcus Kam/SS; 23, Nilesh Mane/ephotocorp/AL; 24, ifish/GI; 25 (UP), Trueog/iStockphoto; 25 (CTR), David Fleetham/AL; 25 (LO), abcphotosystem/SS; 26, Stephaniellen/SS; 27 (LE), Dr. Jocelyn Hudon; 27 (RT), Premium UIG/GI; 28, Lexter Yap/SS; 29, Edward Rowland/AL; 30 (1 UP LE), freeezzzz/GI; 30 (1 UP RT), Carl Johnson/Design Pics/GI; 30 (1 LO LE), Milan Zygmunt/SS; 30 (1 LO RT), archimede/ SS; 30 (2), Michael S. Quinton/NGIC; 30 (3), Marc Anderson/AL; 31 (4 UP LE), Gerald Robert Fischer/ SS; 31 (4 UP RT), Norbert Rosing/NGIC; 31 (4 LO LE), Konrad Wothe/NPL; 31 (4 LO RT), Michio Hoshino/MP; 31 (5), Aroona Kavathekar/AL; 31 (6), Lynn Whitt/SS; 31 (7), Mauricio Handler/NGIC; 32 (UP LE), Jubal Harshaw/SS; 32 (UP RT), Designua/SS; 32 (CTR LE), Theo Bosboom/NPL; 32 (CTR RT), michaklootwijk/Adobe Stock; 32 (LO LE), Hucklebarry/Pixabay; 32 (LO RT), dimitrisvetsikas1969/Pixabay; vocabulary box throughout, Ekaterina Nikolaenko/DRMS

이 책의 차례

색을 바꾸는 동물들 4

기분 따라 색깔 변신! 6

계절이 바뀌면 색깔도 바뀐다고? 8

자라면서 색이 달라지는 동물들 12

변신 동물에 대한 6가지 신기한 사실 16

숨겨진 색의 비밀 18

색깔 숨바꼭질 22

먹는 게 곧 몸 색깔! 26

도전! 변신 동물 박사 30

이 용어는 꼭 기억해! 32

색을 바꾸는 동물들

다 자란 대서양퍼핀이야.
머리 위쪽과 등은 검은색이고,
얼굴 양옆은 흰색이지. 부리는
선명한 주황색이야.

우아, 마법처럼 몸 색깔을 바꾸는 동물이 있어. 순식간에 휘리릭 바꾸기도 하고, 몇 년에 걸쳐 찔끔찔끔 바꾸기도 해.

동물들은 어떻게 몸 색깔을 바꾸는 걸까? 그리고 왜 그러는 걸까? 궁금하면 이 책을 계속 읽어 봐!

대서양퍼핀 새끼야. 머리가 어두운 회색 깃털로 덮여 있어. 부리도 회색이야.

기분 따라 색깔 변신!

변신 천재, 카멜레온을 만나 보자!
카멜레온은 기분에 따라 몸 색깔을 바꿔.
마음이 편안할 때, 화가 날 때, 상대를 꾀어낼
때마다 휙 변신하지. 어떻게 이럴 수 있을까?
자, 이제 그 비결을 알려 줄게.

카멜레온의 피부에는 마치 작은 거울처럼
빛을 **반사**하는 특별한 **세포**들이 있어.
카멜레온은 몸 색깔을 바꾸고 싶을 때 이
세포들을 조금씩 움직여서 세포에 반사되는
햇빛의 색깔을 바꿔. 예를 들어, 몸을
빨간색으로 보이게 하고 싶을 때 햇빛의
빨간빛만 반사하도록 세포를 움직이는 거야.

카멜레온은 보통 편안한 상태에서는 초록색을 띠어. 상대를 꾀어내거나 흥분할 때는 빨간색으로 몸 색깔을 바꾸지. 적이 나타나서 화가 났을 때는 검은색으로 변한대.

변신 동물 용어 풀이

반사: 똑바른 방향으로 나아가다가 다른 물체에 부딪혀 방향을 바꾸는 것.

세포: 생물의 몸을 이루는 기본 단위. 맨눈으로 볼 수 없을 만큼 아주 작음.

이 표범카멜레온은 원래 몸 색깔이 붉은색이야. 지금 아주 편안한 상태지. 흥분하면 초록색 부분을 밝은 노란색으로 바꿔.

계절이 바뀌면 색깔도 바뀐다고?

북극에는 계절이 바뀔 때마다 몸 색깔을 바꾸는 동물들이 살아. 여름철에 갈색 털옷을 입고 있다가, 겨울이 되면 흰색 털을 새로 두르는 거야.

북극여우의 털은 여름에 짙은 회갈색을 띠어.

Q 북극여우가 이사 갈 수 없는 곳은?

눈밭 

겨울철 눈 덮인 북극에서 북극여우를 찾기는 쉽지 않을 거야. 겨울에 북극여우는 흰색 털옷을 입고 있거든.

여름이 지나 가을이 되고, 또 겨울이 되면 낮의 길이가 점점 짧아져. 그러면 북극의 동물들은 슬슬 흰색 털옷으로 갈아입을 준비를 해.

눈덧신토끼

북극 동물들은 **위장**하기 위해 털 색깔을 바꿔. 얼음이 녹은 여름에는 주변 흙과 비슷한 회갈색 털옷을, 흰 눈이 가득한 겨울에는 흰색 털옷을 입는 거지. 이렇게 해야 적의 눈에 쉽게 띄지 않을 테니까.

변신 동물 용어 풀이

위장: 정체를 숨기기 위해 모습을 꾸미는 일.

계절에 따라 털색을 바꾸는 동물들을 더 만나 보자!

자라면서 색이 달라지는 동물들

과학자들은
은색랑구르 새끼의
털 색깔이 눈에 잘
띄어서 어미가 새끼를
잃어버리지 않는다고
생각해.

자라면서 몸 색깔이 바뀌는 동물들도 있어. 은색랑구르라는 원숭이는 막 태어났을 때 피부색이 아주 연한 살구색이야. 털은 밝은 주황색이지. 며칠이 지나면 은색랑구르 새끼는 피부색이 검게 변해. 세 달에서 다섯 달이 더 지나면, 끄트머리가 은빛을 띠는 검은색 털이 나지. 어미랑 똑같아지는 거야.

갓 태어난 백조 새끼는 털이 회색 또는 옅은 갈색이야. 2년은 지나야 어미와 같은 흰색 털을 뽐낼 수 있지.

털이 온통
새하얀 달마티안
새끼들이 어미
젖을 먹고 있어.

놀라지 마!
점박이 개
달마티안은 갓
태어났을 때는 몸이 온통
흰색이야. 2주는 지나야 몸에
검은색 혹은 갈색 반점이 생겨.

다 자란 하프물범

하프물범도 새끼 때는 눈처럼 새하얀 흰색 털로 덮여 있어. 자라면서 털이 회색으로 변하고 나중에 어두운색 반점이 생겨나.

맥은 반대야.
새끼 땐 몸에 무늬가 있는데, 자라면서 점점 사라져.

맥은 새끼 몸에 흰색 줄무늬와 점무늬가 있어. 우거진 숲 바닥에는 빛이 조각조각 비쳐. 새끼 맥의 몸도 군데군데 하얘서 마치 빛을 받은 검은 흙처럼 보이지.

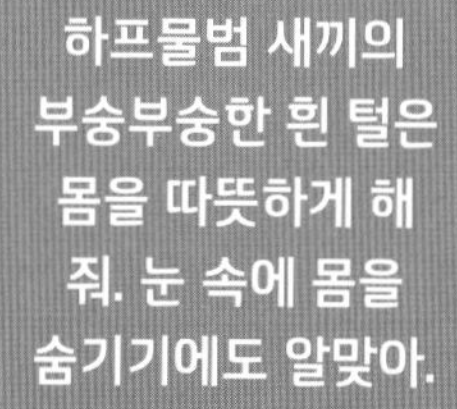

하프물범 새끼의 부숭부숭한 흰 털은 몸을 따뜻하게 해 줘. 눈 속에 몸을 숨기기에도 알맞아.

6 변신 동물에 대한 가지 신기한 사실

1

갈색 피부를 가진 공작가자미는 자기가 보는 색에 맞춰 몸 색깔을 바꿀 수 있어. 그래서 앞이 안 보이면 몸의 색도 바꾸지 못해.

2

갑오징어, 문어, 오징어는 단 몇 초 만에 주변에 맞춰서 몸의 색을 바꿔. 색을 구분하지 못하는 색맹인데도 말이야.

동태평양붉은문어

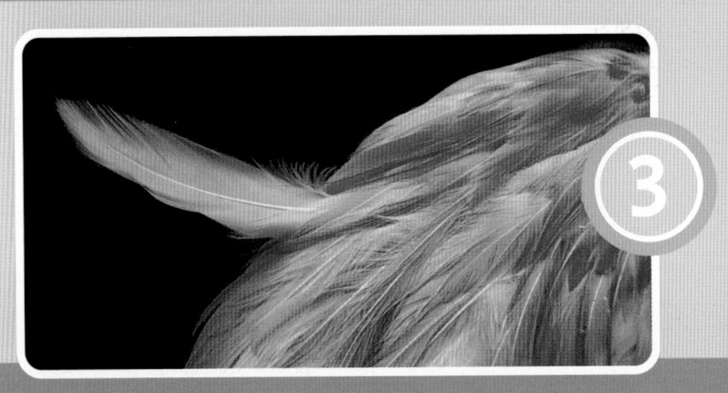

3

홍학의 분홍색 깃털은 몸에서 빠지면, 빠진 깃털이 점차 흰색으로 변해.

4

흰띠게거미는 몸이 흰색이야. 하지만 암컷이 사냥하려고 노란 꽃으로 옮겨 가면, 3일 만에 몸이 온통 노랗게 변해. 걱정은 마. 흰 꽃으로 옮겨 가면 다시 흰색으로 돌아오니까!

5

카멜레온은 자기 영역을 지키거나 짝짓기 상대를 꾀어내고 싶을 때 몸을 밝은색으로 바꿔.

6

해마는 위장 기술이 아주 뛰어나. 그래서 과학자들조차 해마의 종류를 구별하기가 쉽지 않아!

숨겨진 색의 비밀

특별한 비밀 무기처럼 필요한 때에
숨겨 놓은 색을 드러내는 동물도 있어.

수컷 어깨걸이극락조는 몸이 대부분
검은색이야. 머리 위쪽과 가슴에만
선명한 푸른색 깃털이 나 있지.
이 새는 짝짓기 상대가 나타나면
놀라운 쇼를 시작해! 가슴의
푸른 깃털과 몸의 검은 깃털을
활짝 펼치고는 암컷
앞에서 깡충깡충 춤을
추는 거야.

수컷어깨걸이극락조가
암컷 앞에서 깃털을
활짝 펼치고 춤을 추는
모습이야.

Q 언제나 슬픈 새는?
울새 A

모르포나비가 날개를 활짝 폈을 때 너비는 최대 20센티미터나 돼.
전 세계에서 가장 큰 나비 중 하나로 손꼽혀!

신비로운 푸른색 날개를 가진 모르포나비의 날개에도 숨겨진 색이 있어. 푸른색 날개의 반대쪽 면이 갈색이지.

그래서 모르포나비가 땅이나 나뭇가지에서 날개를 접고 앉아 있으면 마른 낙엽처럼 보여. 포르르 날기 시작하면 날갯짓에 푸른색과 갈색이 빠르게 번갈아 보이면서 마치 공중으로 사라지는 것같이 느껴지지. 어때, 적이 사냥하기 쉽지 않겠지?

색깔 숨바꼭질

껍데기 안에 액체가 가득한 황금남생이딱정벌레는
반짝반짝 황금색으로 보여.

변신 동물 용어 풀이

포식자:
다른 동물을 사냥해서 잡아먹는 동물.

어떤 동물들은 **포식자**와 만났을 때 코앞에서 바로 색을 바꿔 위장하기도 해.

황금남생이딱정벌레는 속이 훤히 들여다보이는 껍데기가 있어. 껍데기 안에는 액체가 가득 차 있는데, 액체가 빛을 반사하면서 몸 전체가 황금색으로 보이지. 하지만 포식자가 다가오면 이 액체를 몽땅 빼내. 그러면 원래 붉은색 몸통이 드러나면서 독이 든 무당벌레처럼 보여. 멋지게 포식자를 속이는 거야!

황금남생이딱정벌레가 껍데기 안 액체를 빼내면 이런 모습이 돼.

위장을 잘하기로는 갑오징어도 뒤지지 않아. 갑오징어는 피부에 수백만 개의 색소 세포가 있어. 포식자를 발견하면 이 세포를 둘러싼 근육을 쥐어짜서 몸 색깔을 바꾸지. 짜잔, 갑오징어가 꽁꽁 숨었어!

흉내문어도 갑오징어와 같은 방법으로 몸 색깔을 바꿔. 그리고 색깔뿐만 아니라 행동까지 감쪽같이 다른 동물을 따라 한단다.

먹는 게 곧 몸 색깔!

홍학의 몸 색깔은 옅은 분홍색부터
붉은색, 주황색까지 다양해.
건강한 홍학일수록 색깔이 더 밝고
선명하단다.

홍학은 화려한 분홍색 깃털로 유명해. 하지만 새끼 홍학의 깃털은 회색이야.

신기하지? 어떻게 마법처럼 회색 깃털을 분홍색으로 바꾼 걸까?

바로 먹이 때문이야. 홍학은 게나 새우 등 **갑각류**를 먹으면서 자라. 이 갑각류에 들어 있는 붉은 색소가 홍학의 깃털을 점점 붉게 만드는 거지.

변신 동물 용어 풀이

갑각류: 게, 새우, 가재 등 몸이 딱딱한 껍데기로 싸인 동물.

보통 때 갯민숭달팽이의 모습

색이 변하기로 유명한 또 다른 동물을 꼽자면, 갯민숭달팽이가 있어. 갯민숭달팽이도 먹이의 색에 따라서 몸 색깔을 바꿔.

다른 동물처럼 위장해서 적의 눈을 피하기 위해서야. 주로 **해면**, 해조류, 산호 등을 먹는대.

변신 동물 용어 풀이

해면: 뼈가 없고 스펀지처럼 생긴 바다 동물.

붉은색 해면을
먹어서 붉게 변한
갯민숭달팽이

모든 동물이 색을 바꾸는 건 아니야. 하지만 그 기술을 가진 동물들에게는 꼭 필요한 변신이지. 살아남기 위해서 말이야!

도전! 변신 동물 박사

아래 퀴즈를 풀면서 변신 동물에 대해 얼마나 알게 되었는지 확인해 봐!

1

기분에 따라 몸 색깔을 바꾸는 동물은?
A. 대서양퍼핀
B. 눈덧신토끼
C. 카멜레온
D. 달마티안

2

북극에 사는 동물은 어느 계절에 털을 흰색으로 바꿀까?
A. 겨울
B. 봄
C. 여름
D. 가을

3

갓 태어난 은색랑구르 새끼의 털색은?
A. 검은색
B. 은색
C. 갈색
D. 밝은 주황색

4

다음 중 숨겨진 색을 가진 동물은?
A. 갯민숭달팽이
B. 북극여우
C. 모르포나비
D. 하프물범

5

황금남생이딱정벌레가 몸 색깔을 바꾸는 방법은?
A. 나이가 들면서 저절로
B. 피부를 당기거나 느슨하게 해서
C. 햇빛에 그을려서
D. 껍데기 안쪽에서 액체를 빼내서

6

먹이에 따라 몸 색깔이 바뀌는 동물은?
A. 홍학
B. 오징어
C. 문어
D. 백조

7

동물들은 왜 위장 기술을 쓸까?
A. 다른 동물보다 멋있어 보이려고
B. 주변 환경과 비슷해져서 적의 눈에 띄지 않으려고
C. 잃어버린 가족을 찾으려고
D. 그냥 재미로

정답: ① C, ② A, ③ D, ④ C, ⑤ D, ⑥ A, ⑦ B

이 용어는 꼭 기억해!

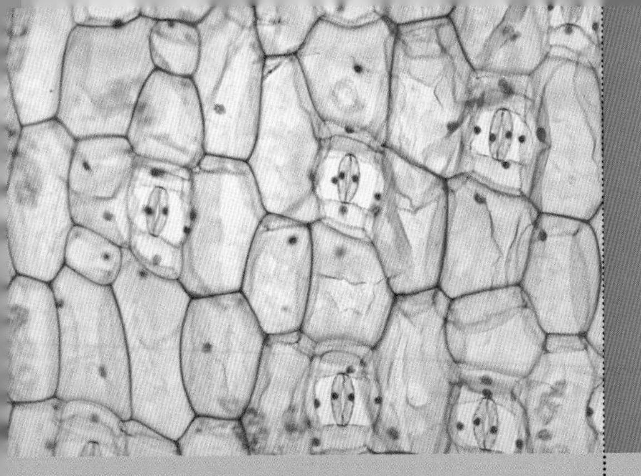

세포
생물의 몸을 이루는 기본 단위.

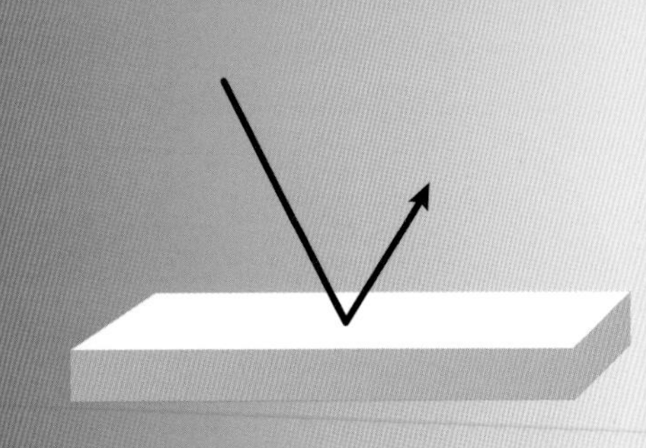

반사
물체에 부딪혀 나아가던 방향을 바꾸는 것.

위장
정체를 숨기기 위해 모습을 꾸미는 일.

포식자
다른 동물을 사냥해서 잡아먹는 동물.

갑각류
게, 새우, 가재 등 몸이 딱딱한 껍데기로 싸인 동물.

해면
뼈가 없고 스펀지처럼 생긴 바다 동물.